PROTEJAMOS NUESTRAS VIDAS

Luis Salinas

Para realizar pedidos de este libro, contacte con:
Palibrio
1663 Liberty Drive, Suite 200
Bloomington, IN 47403
Gratis desde EE. UU. al 877.407.5847
Gratis desde México al 01.800.288.2243
Gratis desde España al 900.866.949
Desde otro país al +1.812.671.9757
Fax: 01.812.355.1576
ventas@palibrio.com
445874

DEDICATORIA

Dedico este texto a las víctimas inocentes, en todo el mundo y de manera especial a los niños; que bajo diferentes circunstancias han sido extintos por armas, entre ellos lo sucedido en la escuela Sandy Hook de Newtown, Connecticut, EE.UU.

AGRADECIMIENTO

A todas las personas que dedicaron su tiempo para dar lectura a esta propuesta.

Espero este libro sea leído por muchas personas y agradeceré mucho que ingresando a www.proysistem.com, dejen sus comentarios e incluso me hagan ver algún error con respecto a lo expuesto, para que a su vez sirva como un foro de consulta para quienes corresponde actuar al respecto.

OBJETIVO

Este libro está escrito con el único propósito de llegar a los oídos de quienes pueden tomar decisiones en cada país, considerar si es viable o no mi propuesta, ya sea de manera total o parcial.

Lo importante es aportar con ideas que podrían generar otras mejores; en lo personal albergo esta esperanza, para bien de la humanidad.

CONTROL DE ARMAS

Todos conocemos la problemática, origen de este tema "Control de armas en Estado Unidos de América".

Para ir adentrándonos en el tema, no precisamente como problema sino como solución, comienzo planteando un análisis con las siguientes preguntas: **dónde**?, **cómo**? y **cuándo**? aplicar este control.

Actualmente existe una inmensa cantidad de propuestas y alternativas planteadas por diferentes frentes. Por mi parte, **sin la menor intención de decir a nadie lo que tienen que hacer**, solo con la única finalidad de cooperar con una idea que alberga la esperanza de ser parte de la solución a este problema, expongo mi teoría basado en mis conocimientos y experiencias en el área de la computación y la informática.

Comparto el concepto de no desarmar a los ciudadanos civiles; ni parcial ni totalmente. Recuperar las armas de la calle sería imposible, más bien es ir por el lado viable, para lo cual se considera hacer uso de la tecnología actual para un apropiado control.

En respuesta a las preguntas planteadas anteriormente y considerando la primera, seria:

Donde?.

En donde deben ser controladas las armas, o sea en que lugares no las necesitamos. Cuando un ciudadano compra una arma es por alguna razón de Autoprotección, la de su casa o propiedad, para efectos de casería, etc., sin embargo, incluyendo a esta misma persona, no necesitamos una arma, para ir de compras, a tomar un café, al cine, la iglesia o a dejar a nuestros hijos en las escuelas y cualquier otra actividad cotidiana, consecuentemente son estos lugares donde no necesitamos armas, donde debemos controlar que no lleguen jamás y no precisamente al dueño del arma, sino al arma misma. Entonces el control tiene que estar orientado directamente al arma, por que a diferencia del dueño, esta no debe entrar en estos lugares.

Cómo?.

Me refiero a cómo controlar. En la actualidad la tecnología nos otorga una gran cantidad de opciones orientada precisamente a las diferentes necesidades de control, obviamente estos procedimientos distan el uno del otro dependiendo del propósito de su aplicación.

Seguro usted podrá identificar estos elementos que se emplean en un simple proceso de control de mercaderías en una tienda, para evitar los robos, cumplen una sencilla, pero importantísima función y lo que es mas; no representan una constante en los costos de la tienda, por vigilancia, ni requieren de entrenamientos y por lo general no comenten errores entre otros casos que se podrían dar con una vigilancia humana. Uno de estos elementos son los chips RFID, lo trataremos brevemente aquí para tener una idea de lo expuesto en esta teoría y como se vincula con mi propuesta.

Los chips RFID.

Al contrario de lo que sucede con los códigos de barras, con un RFID se puede acceder a la información contenida en un chip sin necesidad de tener contacto visual o físico con éste. La identificación se realiza por estimulación, de modo que el chip emite por radio la información que contiene cuando recibe una petición por radiofrecuencia emitida desde un lector de chips de este tipo. Las etiquetas RFID vienen en varias formas.

Los más simples, suele utilizarse únicamente para identificación del producto mas no como un medio de almacenamiento de información personal. Como en este tema, por ejemplo las etiquetas antirrobo, que se ponen en la ropa de la tiendas, en libros o cualquier otro tipo de artículo, los pases en forma de tarjeta para transporte público o los famosos chips de identificación, del tamaño de un grano de arroz, que llevan los animales domésticos implantados bajo la piel.

Existen dos tipos de chips RFID:

Activos, tienen una fuente de alimentación propia (batería) y pueden emitir la señal con mayor potencia y por tanto con mayor alcance. Además los chips activos pueden disponer de circuitos electrónicos más complejos, que permiten por ejemplo cifrar la información enviada o incluir datos procedentes de sistemas anexos, como sensores de temperatura, presión, etc.

Pasivos, estos, no disponen de una fuente de alimentación propia (batería). En éstos el circuito se activa por inducción al recibir la señal de radio enviada por el lector o escáner. Es el tipo habitual de las mencionadas etiquetas antirrobo. La mayor parte de la etiqueta RFID la ocupa la antena, que es ese fino hilo colocado alrededor del chip. La antena tiene la doble función de captar la energía que lo hace funcionar, y a la vez emitir la señal de radio con la información.

En el caso de los animales domésticos el chip que llevan implantado subcutáneamente no dispone de información sobre el animal ni sobre su dueño. Al leer el RFID éste únicamente devuelve un número de identificación de varias cifras que debe ser introducido en una base de datos convencional de acceso restringido, que es la que contiene la información sensible correspondiente a cada número de identificación.

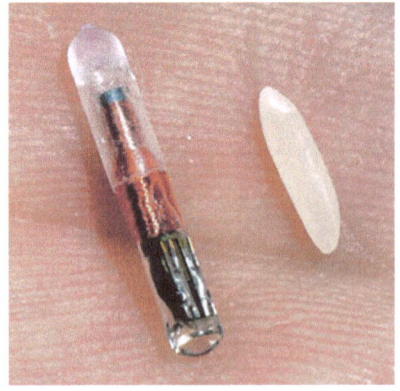

Chip para animales con tecnología RFID

Los chips que van puestos en los animales no necesitan transmitir información de forma activa; solamente tienen información (un número único para el animal). Este tipo de etiqueta se llama un RFID pasivo, y no tiene batería o fuente de alimentación. Simplemente está insertado en la mascota preparado para ser leído, es prácticamente del tamaño de un grano de arroz. Estos chips no expiran y pueden durar toda la vida del animal.

Además de los usos actuales ya comentados, los chips RFID pueden utilizarse para identificar:

❖ Productos del supermercado, de modo que no sea necesario sacarlos del carro al pasar por caja.

❖ Especies protegidas o en vías de extinción, especialmente aquellas susceptibles del tráfico ilegal.

❖ Material quirúrgico para evitar que quede dentro del paciente.

❖ Puntos de acceso físicos para personas o animales.

❖ Lugares o puntos de interés turísticos.

❖ Logística y almacenaje, para conocer la disponibilidad de stock.

❖ En el deporte, como es en el futbol o soccer; se considera aplicar un chip al balón, para que cuando los sensores colocados en los arcos de gol detecten que este chip paso la línea de gol, envíen una señal al árbitro, ayudándole así a tomar una decisión correcta.

Y en general cualquier otra situación en la que la presencia de un objeto concreto pueda convertirse o traducirse en una señal de aviso o en una acción.

Localizadores.

Estos elementos son aun más sofisticados, por que ayudan a la localización del chip, no vamos a profundizar en estudiar estos componentes pero si una brevísima acotación con respecto a sus usos.

Rápidamente podríamos corroborar el tema revisando en internet, por ejemplo: **Instalan chip para rastrear movimiento de dos grandes tiburones blancos en EE.UU.**

También un grupo de biólogos y con fines investigativos coloca un chip a un tiburón; esto permitirá rastrear vía satélite y saber exactamente la ubicación del mismo.

Se podría mencionar una cantidad inmensa de aplicaciones, pero esto ya nos da la idea; que la propuesta que planteo a continuación, está basado no en ideas de fantasía, al contrario los mecanismos existen ya en la actualidad.

Mi propuesta.

Después de haber tocado algunos temas de manera muy breve con respecto a los chips detectables o localizables, concretamente propongo que haciendo uso de la tecnología y con medios más avanzados que los indicados aquí, **se proceda a instalar un chip en cada arma** y en los lugares apropiados instalar los detectores de estos chips, para de esa manera tener un control del posible intento de ingreso con armas a esas áreas.

Cuándo?.

Mientras más pronto se inicie el proceso más pronto se verán los resultados, la seguridad de los niños, mujeres y hombres, no requiere de aplazamientos.

Para que esto suceda; parte, de la buena voluntad que exista en los gobiernos del país que quiera aplicar este procedimiento o similar, obviamente en conjunto con los respectivos congresos o cámaras y todos quienes estén implicados para este cambio. Y, no esperar que sea tarea fácil, las grandes caminatas se comienza con un primer paso.

PROCEDIMIENTO

1.—Crear un registro de todas y cada una de las armas que exista en el país, ya sea por fabricación propia o importación y las que ya están en la calle, en la población civil e incluso las de uso oficial.

• Esta registración debe ser con un chip incorporado en cada arma.

• Que la codificación de la información que contenga cada chip sea categorizada por los datos de su origen y el tipo de arma, pero adicionalmente

Mi próxima publicación " la seguridad de las claves de tarjetas de crédito, debito, e-mails, etc." **www.proysistem.com** 11 con un identificador para las armas con destinos de uso oficial o a ser usadas por el gobierno, para que se distinga de las que serán vendidas a los ciudadanos civiles.

• Que la información de los compradores se maneje en bases de datos con acceso restringido, y, la información del chip solo sirva para relacionar con esta base de datos.

• Que esta información sea leída fácilmente por sensores "scanner" o "localizadores satelitales" destinados a este proceso y que estén ubicados en los puntos de control.

2.—Crear los mecanismos que permita manejar estos registros.

• Crear los sensores que puedan detectar y escanear o localizar fácilmente estos chips y procesar sus datos.

• Que el software sea lo suficientemente inteligenciado para que tome decisiones en base a los datos del chip, en el caso que sea una arma de uso oficial o civil, y, dependiendo en donde esté instalado este control.

3.—Crear los puntos de control.

• Instalar los mecanismos de control en los diferentes centros de: estudio en todos sus niveles, religiosos, deportivos, sociales, culturales, terminales de los diferentes transportes, buses, trenes, embarcaciones, aviones, discotecas, restaurants, bibliotecas, hoteles, tiendas, centros comerciales, y en todo lugar concurrido, incluso en los parques, generando así una barrera que blindaría el área protegida.

4.—Otros.

• Después de un cuidadoso análisis de los pro y contra se podría visualizar la posibilidad de incluso detectar las armas de alto calibre (de asalto), por ejemplo y de uso civil, por sensores incorporados en celulares, GPS, etc.

CONCLUSION:

Aplicando esta teoría a las armas, las que se fabriquen a futuro, ya sabemos sería más fácil condicionar a las **fábricas, incorporar** estos chips, pero para las existentes o sea las armas que ya están en la calle se necesita de una ley que permita mediante una determinada institución creada y/o autorizada para tal efecto, obligar a los dueños de las armas; a una registración inicial con este nuevo método incorporando de manera invulnerable, los mencionados chips, y a chequeos de inspección periódicos.

Inspección.—La función de esta institución creada o autorizada, seria inicialmente colocar el chip en las armas y posteriormente inspeccionar la presencia del chip sin alteración y su correcto funcionamiento.

El proceso.—Se podría crear un método. La pieza que sea considerada la más importante en cada arma, y, permitan la posibilidad de ser reemplazada, sean nuevamente fabricadas ya con el chip incorporado. El dueño de cada arma podría a través de un sitio web aplicar para la inspección; detallando los datos de su arma y el lugar al que concurriría a dicho chequeo, de esta manera daría la oportunidad de optimizar el servicio de este proceso, así la institución autorizada haría el correspondiente pedido a la fábrica, para luego confirmar al aplicante la fecha concreta de la revisión y la debida implantación de la pieza con el chip incorporado.

Otra opción podría ser el definir para cada tipo de arma, en que parte y con un proceso apropiado crear un espacio en el arma misma (ensamblada, sin reemplazar partes) e implantar el chip de tal manera que no pueda ser removida.

Prevención.—Como dice el viejo refrán "hecha la ley, hecha la trampa", bueno; el éxito de todo proceso se centra en el buen análisis de la mayor cantidad de desventajas posibles sobre el mismo, para lo cual y con una breve apreciación se optaría por colocar este chip en una parte imprescindible para el funcionamiento del arma y de tal manera que no pueda ser removido, clonado ni alterado el correcto funcionamiento.

Costos.—En el proceso de fabricación, ya vendrá incluido el costo del chip en cada arma, pero en las ya existentes, en el momento de la inspección el dueño del arma debería pagar un valor que autofinanciaría el costo de la parte operativa, logística y la del producto mismo (chip).

Una fuente de empleo.—Al crear y/o autorizar centros de inspección, obviamente se va a necesitar personal para dicha actividad, lo que automáticamente generaría muchas plazas de trabajo que hablar de sus ventajas ya es de conocimiento de todos, y, lo más importante; no representaría ningún costo para el estado debido a que los cargos aplicados a los dueños de las armas debería cubrir todo estos rubros.

LET'S PROTECT OUR LIVES

DEDICATION

I dedicate this text to innocent victims worldwide and especially to children, who under different circumstances died of weapons, including what happened at Newtown Sandy Hook School, Connecticut, U.S.

THANKS

To all people that dedicated their time to read this proposal.

I hope this book will be read by many people and I will appreciate a lot that while entering www.proysistem.com you could leave your comments and even notify me of any error regarding the above-mentioned, so that it would be a consultation forum for those who need to take action on this matter.

OBJECTIVE

This book is written for the sole purpose of reaching the ears of those who can make decisions in each country, consider whether my proposal is viable or not, either totally or partially.

The important thing is to contribute with ideas that could lead to better ones, personally it is my hope that this happens for the good of humanity.

GUN CONTROL

We all are familiar with the problem, the source of this topic ''Gun control in the United States of America''.

To get us into the issue, not just as a problem but as a solution, I begin with an analysis considering the following questions: **where**?, **how**? and **when**? to apply this control.

Currently, there is a huge number of proposals and alternatives suggested by different fronts. As for me, **with no intention of telling anyone what to do**, just for the sole purpose to cooperate with an idea that expresses hope to be part of the solution to this problem, I present my theory based on my knowledge and experiences in the field of computing and information technology.

I agree with the concept of not disarming civilians; partially or totally. Recovering weapons from the streets would be impossible, it is rather recommended to think of a viable solution, therefore, it is considered to make use of current technology for a proper control.

In response to the above mentioned questions and considering the first one, it would be:

Where?

Where weapons must be controlled, that is to say, in which places they are unnecessary. When a citizen buys a gun, it is because of self-protection; this applies to his/her house, property, hunting purposes, etc., however, including this person, we don't need a gun to go shopping, have a coffee, go to the movies and to church or to leave our children at school and for any other daily activity; consequently, these are places where we don't need weapons, which we have to control so that they will never arrive, and not precisely the owner of the weapon but the weapon itself. So the control must be aimed directly at the weapon which, unlike the owner, should not enter these places.

How?

This means how to control. Today's technology gives us a lot of options focused precisely on different needs of control; obviously these methods are far from each other depending on the purpose of their implementation.

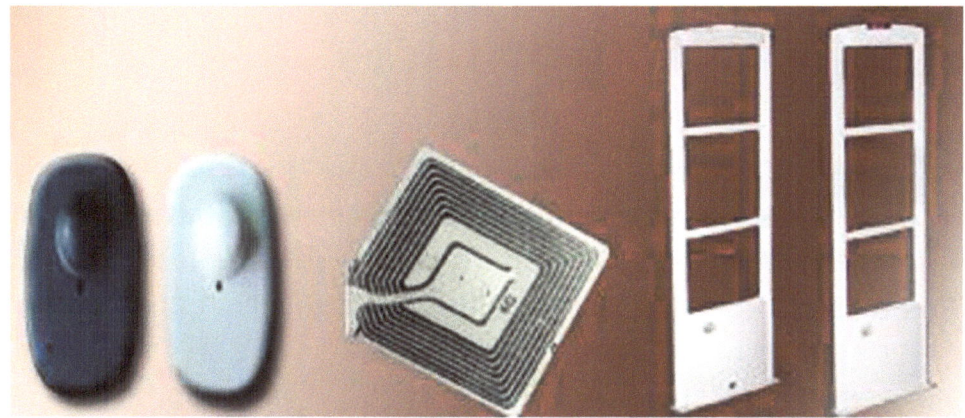

Certainly, you can identify the elements used in a simple process of merchandise control in a shop to avoid theft, their role is simple but very important, and what is more, they are not a constant in shop's costs for monitoring, they don't require training and usually don't make mistakes as human surveillance does. RFID chips are one of these elements, we will talk about them briefly to get an idea of what has been established in this theory and how it is related to my proposal.

The RFID chips.

Contrary to what happens with the barcodes, with an RFID it is possible to access the information contained in a chip without the need for visual or physical contact with it. The identification is done by stimulation, so that the chip sends information through the radio when it receives a request sent by radiofrequency from a reader of this kind of chips. RFID tags have various forms.

The simplest ones are only used for product identification, not as a personal information storage medium. As in this topic, for example the anti-theft tags that are put on the clothes in the shops, on the books or on any other item, the passes having form of a plastic card for public transport or the famous "identification chips" of the size of the grain of rice that are implanted under the skin of domestic animals.

There are two types of RFID chips:

Active RFID chips have their own power supply (battery) and they can send the signal with more power and therefore to the greatest reach. Moreover, active chips can have more complex electronic circuits that allow to encode sent information or include data coming from annexed systems, such as sensors of temperature, pressure, etc.

Passive RFID chips don't have their own power supply (battery). The circuit is activated by induction after having received radio signal sent from the reader or the scanner. It is the common type of the aforementioned anti-theft tags. The major part of the RFID tag is occupied by its antenna, which is that thin thread placed around the chip. The antenna has a dual function, which is that of capturing energy to make it work and at the same time emitting radio signal with the information.

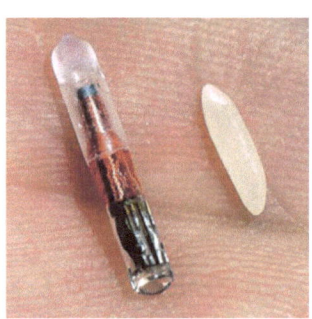

When it comes to domestic animals, the chip they have subcutaneously implanted has no information about the animal or its owner. By reading the RFID, it only gives an identification number of some digits that should be entered in a conventional database of restricted access, which is the one that contains sensitive information corresponding to each identification number.

The chips that are placed inside the animals don't need to transmit information actively; they just have information (a unique number for the animal). This type of tag is called a passive RFID and it doesn't have a battery or power supply. It is simply inserted into the pet ready to be read, it is almost the size of the grain of rice. These chips don't expire and can last the lifetime of the animal.

In addition to existing uses already mentioned, RFID chips can be used to identify:

❖ Supermarket products, so it is not necessary to get them out of the cart at the checkout.

❖ Protected or endangered species, especially those susceptible to trafficking.

❖ Surgical material to prevent it from remaining inside the patient.

❖ Physical access points for people or animals.

❖ Tourist attraction points or places.

❖ Logistics and storage to know availability of the stock.

❖ In sports, as in football or soccer, it is considered to apply a chip to the ball, so that when the sensors in the goal posts detect that this chip crossed the goal line, they send a signal to the referee helping him make right decision.

And in general, any other situation in which the presence of a particular object could become or result in a warning or an action.

Localizers.

These elements are even more sophisticated because they help localize the chip, we will not study these components profoundly, but it will be a brief remark about their uses.

We could quickly corroborate the issue reviewing the internet, for example: A chip was installed to track the activity of two big white sharks in the U.S.

Also a group of biologists having research purposes places a chip inside a shark; this will help track it via satellite and know exactly its location.

A huge amount of applications could be mentioned, but this already gives us the idea that the proposal I pose below is based not on ideas of fantasy, on the contrary, the mechanisms already exist today.

My proposal.

Having mentioned some topics very briefly with respect to detectable or traceable chips, I concretely propose that using technology and more advanced media than those listed here, **a chip in each weapon is installed** as well as detectors of these chips are put in appropriate places to have control of possible attempts of entering with weapons to those areas.

When?

The sooner the process begins, the sooner we will see the results, the safety of children, women and men does not require postponements.

For this to happen, it depends on the goodwill of country's governments whether they want to apply this method or a similar one, obviously together with the respective congresses or chambers and everyone else who might be involved to make such changes. We shouldn't expect it to be an easy chore, long walks begin with the first step.

PROCEDURE

1.– Create a record of all weapons in the country, either self-produced or imported and those that are already on the streets, among civilians and even those in official use.

- This registration must be done with a chip integrated in each weapon

- That the information coding contained in each chip is categorized by data of its origin and type of weapon, but additionally with an identifier for the weapons in official use and those used by government to be distinguished from those sold to civilians.

• That the buyers information is handled in database with restricted access and the chip information is only used to relate to this database.

• That this information is easily read by "scanner" or "satellite locators" intended to this process and that they are placed in the control points.

2.- Create mechanisms that allow to manage these records.

• The chip, if it's a weapon in official or civilian use and depending on where this control is installed.

3.- Create control points.

• Install control mechanisms in different centers of: study at all levels, religious, sporting, social, cultural, different transport terminals, buses, trains, boats, airplanes, nightclubs, restaurants, libraries, hotels, shops, malls and in every busy place, including parks, generating a barrier of protected area.

4.- Others.

• After a careful analysis of the pros and cons, we could even imagine the possibility of detecting high-caliber weapons (of assault), for example, and those for civilian use, by sensors built in cell phones, GPS, etc.

CONCLUSION:

Applying this theory to weapons, those manufactured in the future, we know it would be easier to condition factories, to incorporate these chips; but for those that already exist, that are already on the streets, a law is needed to allow through determined institution created and/or authorized for that purpose to force the owners of the weapons to an initial registration with this new method incorporating the aforementioned chips in an invulnerable way and to periodic inspection checks.

Inspection.- The function of this created or authorized institution initially would be to put the chip inside the weapons and then examine the presence of the chip without alteration and its proper operation.

The process.- A method could be created. The part that is considered the most important in each weapon and is allowed to be replaced, would be made again with an integrated chip. The owner of each weapon could apply for an inspection through a website, giving details of his/her weapon and the place where he would attend the above-mentioned check, so he/she would give it a chance to optimize this process service- the authorized institution would make the request to the factory, to confirm the exact revision date and due implementation of the piece with an integrated chip. Another option could be defining each type of weapon, in which part and with an appropriate process create a space inside the weapon (assembled, without replacing parts) and introduce the chip so that it can't be removed.

Prevention.- As the old saying goes ''every law has a loophole'', the success of any process is focused on the proper analysis of as much potential disadvantages as it is possible, for which and with a brief evaluation, we should opt to put this chip in an indispensable part for the functioning of the weapon so that it can't be removed or cloned and its proper operation can't be modified.

Costs.- In the manufacturing process would be included the cost of the chip in each weapon, but in the existing ones, in the moment of inspection the gun owner should pay the value that would self–finance the cost of the operational part, logistics and that of the product itself (chip).

Source of employment.- When creating and/or authorizing inspection centers, staff would be needed for such activity, which would automatically generate many jobs, not even mentioning their pros that are known to all of us; and the most important thing is that it would represent no cost to the state because the fees applied on the owners of the weapons should cover all these areas.

www.ingramcontent.com/pod-product-compliance
Lightning Source LLC
Chambersburg PA
CBHW050415180526
45159CB00005B/2278

*9 7 8 1 4 6 3 3 5 0 8 5 7 *